美しき国字の世界

〆

しめ

国字とは日本で創られた漢字である。中には中国に逆輸出のようなことがあり、中国でも使われているものもある。「働」はなかでも見慣れたものだと思う。

そんな国字のできる過程を想像していくのがこの連載である。

大体において（といっても想像と妄想の範囲だけれど）、日本語としての言葉があり、そこに漢字がないから、「じゃあ、つくっちゃおう」ということが多いと思っている。外国語に当てるためにつくられた国字もあるけれど、いずれにしても言葉ありき、音ありきがほとんどだと思う。

いつもなら、余談だらけの本稿であるが、今回はいきなり本題「〆」である。あ、ここで終わりということではないので悪しからず。

考えてみると、昔はよく手紙を書いたものだと思う。小説家や文筆家の方々に執筆依頼をするにしても、まずはお手紙からだった。そして、手紙を出して、そろそろ着いたかな、と思うころに電話をかけて、改めてご依頼するというのを先輩編集者から教わった。ちなみに今ではすでに無用の長物化し始めているファクシミリも、筆者が駆け出しの編集者のころはまだ便利グッズで、そこまで普及していなかった記憶がある。そして、ファクシミリでの原稿依頼は失礼だと言われた記憶もある。

そんな手紙を封書で出すとき、最後に封をするにあたり、ちゃんと糊で締めましたよ、という合図として「〆」を書くことは割と普通というか、慣習だった（今でもですが）。ときには「封」という漢字を書くこともある。「封」という字にとじ目を塞ぐ、という意味があるので、封筒を閉じましたよ、という意味を持ってのことだった。

そこで「〆」である。多くの研究者がおそらくこの「〆」について論じてきたと思う。この「〆」は表意文字であり、意味も音（「しめ」と読む）もあるので漢字であるとして漢和辞典の「ノ」部の一画にあるものもある。そして、中国では使わないから、「国字」であると。

どこかで引っかかるのだ。これは本当に漢字であるのか？　と。「〆（しめ）」はあくまでも締めや占めの意味を持つものであり、漢字だという論理のだけれど、果たしてそうなのか？

どうにもこの字の成り立ちは「×」の簡略形にしか感じられないのは筆者だけなのだろうか？　つまり、「×」はあくまで二画だが、それを行書のように楷書の崩しや筆の流れに任せて一画で書いてしまう。それが通例化して「〆」ができ上がったと妄想してしまうのだ。そこに逆に漢字としての要素、つまり読みと意味を載せたのではないか、と考えたほうが直球的で良いと思うのだけれど、いかがかと。

もちろん、歴史の中で「〆野さん」「〆谷さん」という苗字が生まれ、そこで使われている以上、漢字としての役割は十分果たしている。だけれど、先に「×」の行書体をあえて「〆」という意味を持たせたとしたら……。そこで「〆」を使う意味が果たしてあったのか？　を考えなければならないのだが、筆者の知りうる人に「注連本（しめもと）」とおっしゃる名字の方がいらっしゃった。語源としては神事としての「注連縄（しめなわ）」に由来するのではないか、とおっしゃっていたのだけれど、名刺を出すと大体の人に「チュウレンポンさん？」といわれるとおっしゃっていたのを思い出す。読みやすさの上で「〆」を使ったのが「〆野さん」であったりしたとすると、という妄想が膨らむ。もちろん、わかりやすさというのは必要なことであるので、こうした簡略文字でも積極的に生活圏内に入れ込んでしまおうとするのも納得できる話である。

もう少し考えてみたいことがラテン語由来の欧米言語に出てくる「？（question mark/クエスチョンマーク）」と「！（exclamation mark/エクスクラメーション・マーク）」である。ともに「疑問符」「感嘆符」と日本語では呼ばれるものだが、「〆」もこうした意味を有した記号に近いのではないか？　と筆者は考えるのである。特にクエスチョンマークはラテン語の「quaerere（質問する意）」を簡略した「q」の字の下にピリオドがついたものとの説もある。

このふたつの記号はあくまで記号であり、「〆」のように単独での「読み」はないし、苗字に使われることや、表意文字としての要素があるわけでもない。あくまでも記号に付けられた名として「クエスチョンマーク」と「エクスクラメーションマーク」の言葉があるだけだ。

ただ「〆」に最初から「しめ」という読みがあったのだろうか？　たとえば「しめ」としてのマークであり（封書の封を示す）、その意味としての「し
に読みとして世間に通用し
う流れもあったのではないか
えるのである。

面白いのがこの「〆」にはより記号性の強い用例もある。それが「カンメ」と読ませるものだ。銭の単位であり、尺貫法の重量の単位としても使われた。別名は「貫目」である。

こうなってくると重量の単位のグラムを「g」と書くのと似てはいないだろうか？　「〆」というもの（ここではあえて文字とは書かない）が記号としての発達があり、さらには封書や手紙という日常でも目にし易い場所で使われていくうちに、いつの間にか「漢字」のように思い込まれていった、というのは妄想の範囲でしかないのだろうか？

実をいうと、筆者は封筒の封を糊でつけた後、「×」を書くつもりで、さっと格好良く描きたくて、「〆」のような図形を万年筆でさらっと書いていた。だから、「〆」が漢字だといわれて、とても疑問に思ってしまったのだ。「〆張鶴」というお酒の「純」も好きな人間として、〆のことを考えてしまったのである。

文・北原徹

this page : hat ¥308000 / tops ¥162800 / both by Yohji Yamamoto
opposite page : cap ¥52800 (reference price) / shoes ¥128700 / body suit ¥152900 / all by Max Mara

Fashion direction Rena Semba　hair Shotaro (sense of humour)　makeup Ryuji for van council (donna)　model Iohany (tokyo revels)　photography Toru Kitahara

this page : boots ¥503800(reference price) / jacket ¥267300
belt ¥317900 / pants ¥183700 / all by Alexander McQueen
opposite page : shoes / dress both (reference product) / by Acne Studios

this page : head piece ¥122100 by STEPHEN JONES / dress ¥84370 by JEAN PAUL GAULTIER
opposite page : shoes ¥264000 / jump suit ¥467500 / belt ¥453200 / all (reference price) by ALAïA

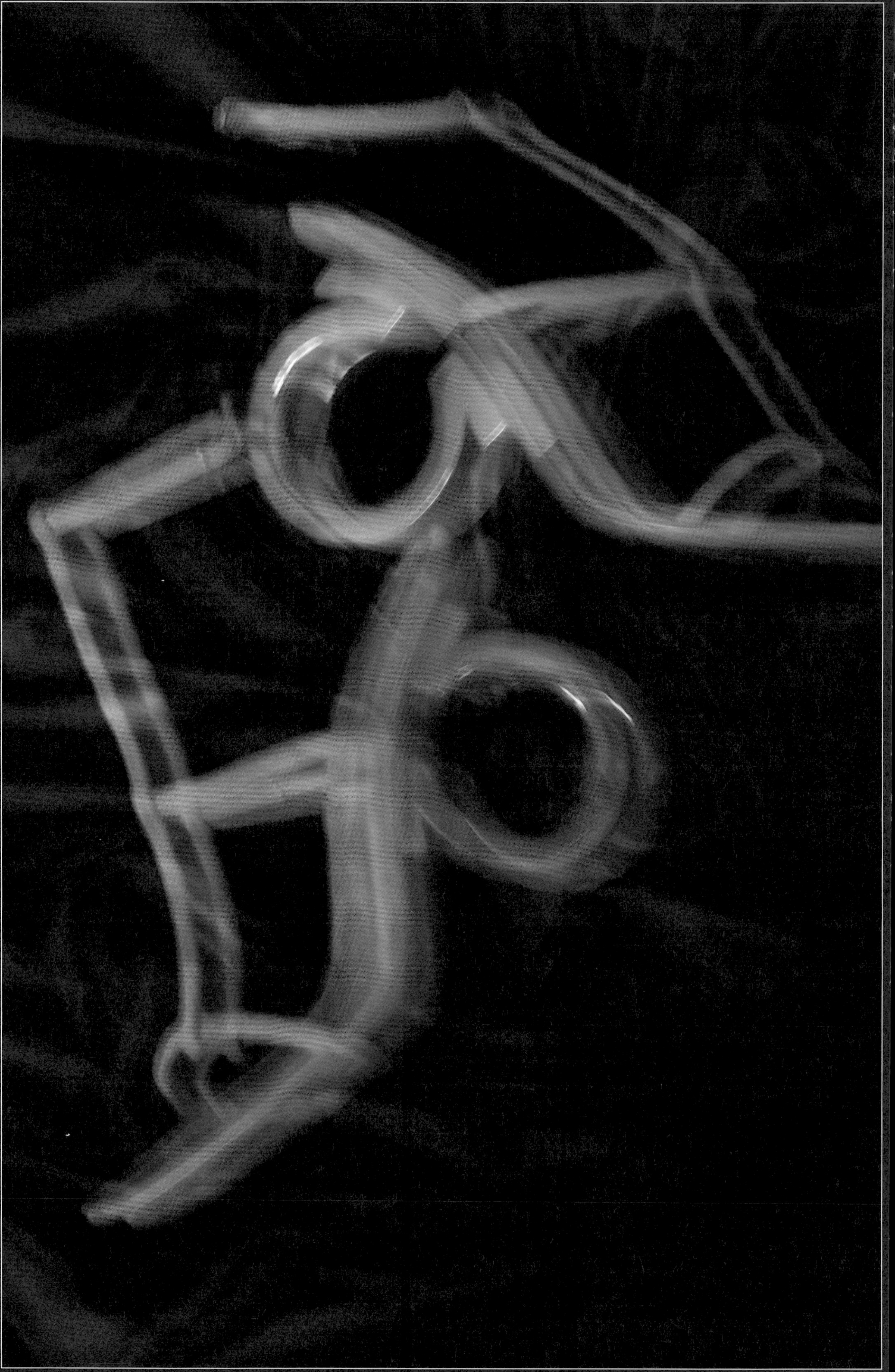

opposite page : shoes ¥176000 by Ferragamo
this page : hat, face tulle, jacket, vest, bodysuit,
shirt, tie, jockstraps, skirts and pants, socks, shoes
all（reference product）by THOM BROWNE

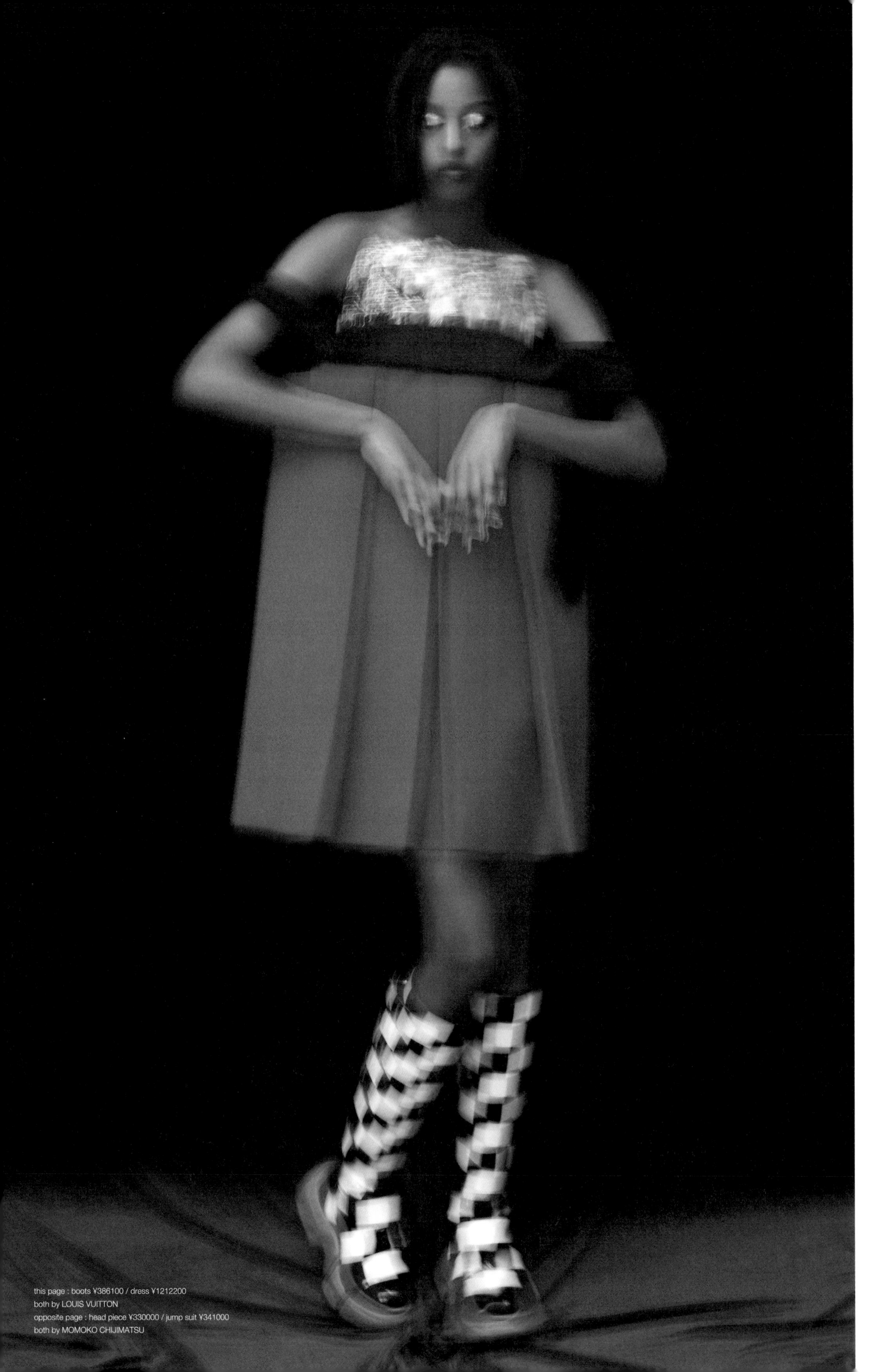

this page : boots ¥386100 / dress ¥1212200
both by LOUIS VUITTON
opposite page : head piece ¥330000 / jump suit ¥341000
both by MOMOKO CHIJIMATSU

Girls in the white fabric

all items by COMME des GARÇONS GIRL

hair and makeup Takeo Arai
photography styling Toru Kitahara

blouse ¥34000 / jumper pants ¥39600 / both by COMME des GARÇONS GIRL

jacket ¥89100 / blouse ¥33000 / pants ¥36300 / all by COMME des GARÇONS GIRL

jacket ¥89100 / blouse ¥33000 / pants ¥36300 / all by COMME des GARÇONS GIRL

left girl : jacket ¥101200 skirt ¥62700
right girl : jacket ¥101200
all by COMME des GARÇONS GIRL

jacket ¥101200 / dress ¥79200 / both by COMME des GARÇONS GIRL

left girl : jacket ¥74800 / skirt ¥45100 / shoes ¥46200 / socks (for your reference)
center girl : dress ¥58300 / shoes ¥46200 / socks (for your reference)
right girl : jacket ¥86900 / blouse ¥36300 / jumper pants ¥36300 / shoes and socks (for your reference)
all by COMME des GARÇONS GIRL

right girl : blouse ¥50400 / jumper pants ¥44000 / shoes ¥46200 / socks (for your reference)
center girl : jacket ¥74800 / dress ¥85800 / shoes ¥46200 / socks (for your reference)
left girl : vest ¥51700 / blouse ¥52800 / shoes and socks (for your reference)
all by COMME des GARÇONS GIRL

fun preparation

all items by CHANEL

model Hara (stanford)

fashion direction Rena Semba　hair Shotaro (sense of humour)　make Ryuji for van council (donna)　photography Toru Kitahara

body ¥398200 / skirt ¥1400300 / brooch ¥213400
bracelet ¥759000(each) / belt ¥159500
boots ¥310200 (all prices are predetermined prices)
all by CHANEL

opposite page : jacket ¥928400 / blouse ¥818400 / shorts ¥258500 / barrette ¥138600
boots ¥457600 (all prices are predetermined prices) / all by CHANEL
this page : jacket ¥2593800 / ring ¥96800 / belt ¥211200 / jewelry box ¥368500
boots ¥354200 (all prices are predetermined prices) / all by CHANEL

opposite page e : jacket ¥1444300 / earrings ¥405900 /
boots ¥266200 (all prices are predetermined prices) / all by CHANEL
this page : jump suit ¥980100 / earrings ¥184800
ring ¥96800 / belt ¥735900bag ¥1621400
shoes ¥244200 (all prices are predetermined prices) / all by CHANEL

opposite page : pullover ¥427900 / skirt ¥914100 / ring ¥107800 / belt ¥290400
boots ¥324500 (all prices are predetermined prices) / all by CHANEL
this page : cape ¥405900 / tee-shirt ¥272800
shorts ¥258500 / earrings ¥253000 / bracelet ¥244200 (each)
shoes ¥413600 (all prices are predetermined prices) / all by CHANEL

tao × SHUN SUDO
Invigorating Collaboration

all items by tao
drawing SHUN SUDO

model Manami Ivee
hair and make Ryuji for van council(donna)
styling photography Toru Kitahara

blouse ¥93500 / jumper skirt ¥121000
t-shirt (for your reference) / all by tao

vest ¥110000 / skirt ¥93500
cummerbund ¥96800 / t-shirt (for your reference)

dress ¥132000 / t-shirt (for your reference)
both by tao

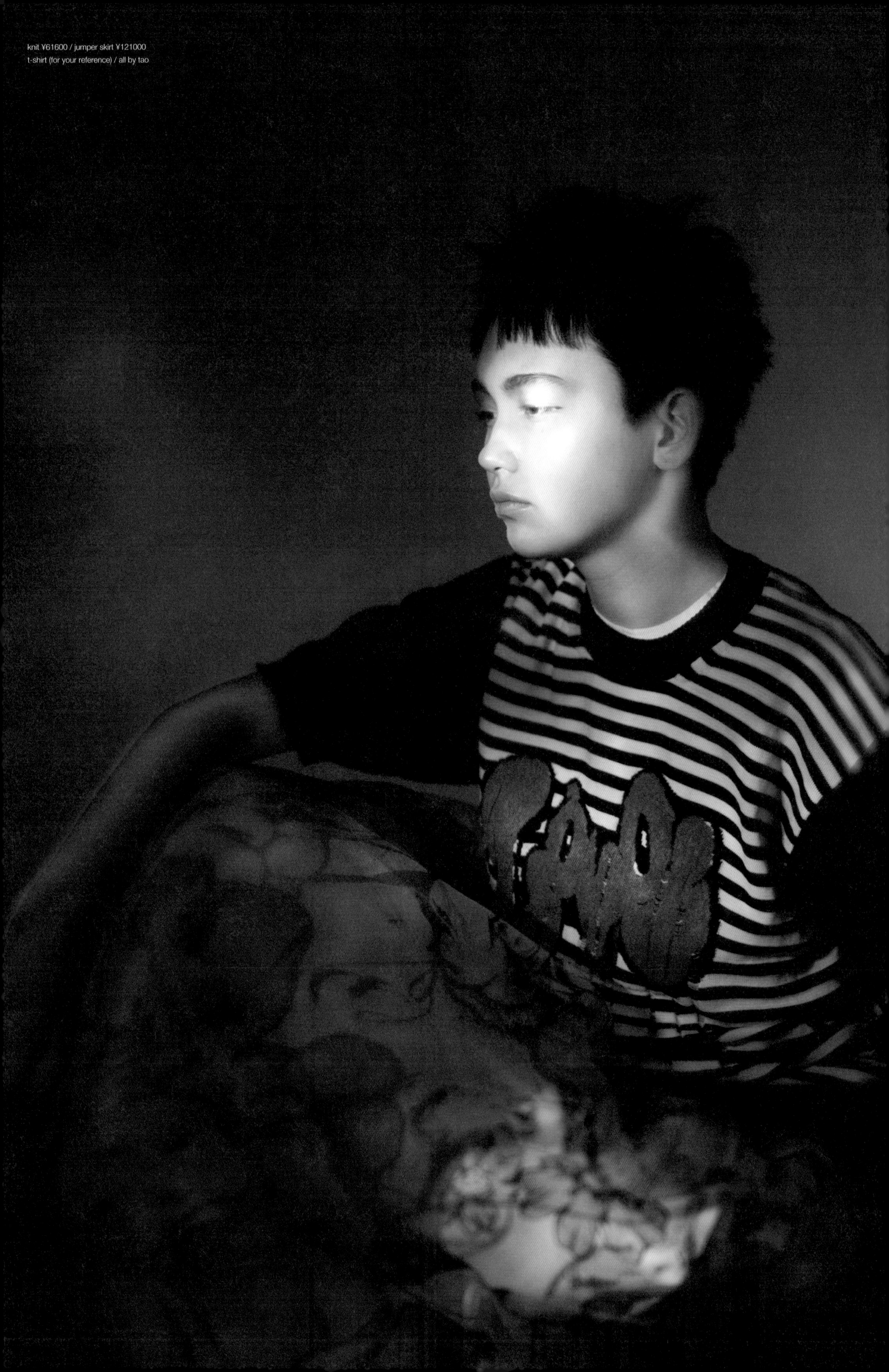

knit ¥61600 / jumper skirt ¥121000
t-shirt (for your reference) / all by tao

vest ¥107800 / dress ¥132000 / shoes ¥41800
t-shirt (for your reference) / all by tao

dress ¥132000 / t-shirt (foryour reference)
both by tao

邂逅

SHUN SUDOのこと。

邂逅

SHUN SUDOのこと。

「邂逅(かいこう)」という言葉。それはどこかで人をパワーアップする出来事であるように感じてならない。辞書を見てみると「(一)〔しばらく会わない人に〕思いがけない△所で(機会に)会うこと。(二)〔人生の途上において重要な機縁となる〕出会い。めぐり会い。」(新明解国語辞典第8版)とあった。つまりはすっかり疎遠になっていた旧友と、街中で偶然に出会った。それもただの遭遇ではなく、思いがけない(←ここ大事)出会い、再会が素敵なハプニングとして訪れたということであろう。

素敵な邂逅はポジティブなパワーを生み出すものだ。

まあ、難しい話をしたいわけではない。最近、邂逅を果たした出会いのいくつかの中に「tao」の2023SSのショーがあった。いきなり目に飛び込んできたのは赤い花がプリントされたテキスタイルの数々。ひと目でSHUN　SUDOのグラフィカルな作品とわかる。何度か作品を拝見しているが、SHUN SUDOの作品と再会するのが「tao」のショーというところに邂逅を感じたのだ。ショーはSHUN SUDOの作品が幾輪も幾輪も咲き誇るかのように繰り広げられ、パワーを感じさせてもらったものだ。

個人的な印象ではあるが、「tao」デザイナーのつくる服は少女性をうちに秘めていて、繊細な女性像を感じていたのだけれど、今回は大胆なプリントの数々は服そのものが大きなキャンバスにも感じられるほど力強く、元気なシーズンに感じられた。ファッションなのだから、毎シーズン違って当たり前なのだけれど、変化を感じたのも確かなことだった。展示会と撮影で服を間近にみると、「tao」の持つ繊細さはしっかりと感じられた。

そして、そのショーの後、SHUN SUDOと作家のスタッフ(以下「Aくん」)に挨拶をした。

この物語をわかりやすくするためにはスタッフのAくんとの出会いを語るのが早いと思う。簡単にいうと20数年前、ぼくはある出版社の社員でそこで働く学生バイトがAくんだったのだ。だが、それだけはなかった。一緒に飲みに行ったり、やがて、ふたりでギターを抱えて、コピーに明け暮れたりもしていたのだ。

Aくんとは10年ほど前からSNSで繋がり、会いたいなぁ、とは思っていた。そうなると多少の偶然はあるわけで、ギャラリーですれ違ったり、街ですれ違ったりはしていた。でも、お互いに時間がなく、話をするほどではなかった。

SNSというのは会っていなくても、何だか会っている気にさせる装置である。だから、何となくAくんがSHUN SUDOのことを何かやっているな、と知ることはできたし、この10年間でSHUN SUDOの作品はところどころで目にすることが多くなっていた。頑張っていることは手に取るようにわかった。

そんな時間の経過の中での「邂逅」であった。

ぼくは早速Aくんに声をかけ、今回のこのページをつくることを嘆願した。

花の花弁の内側のおしべとめしべの部分がボタンになっているボタンフラワーはSHUN SUDOのアイコン的作品だ。なぜ、ボタン？　と思ったが、いろいろなモチーフの中で一番しっくり入ったそうだ。ボタンは生地と生地をつなぐものだという気持ちもあり、そして、「tao」の服づくりにも共通する何かが感じられた。正直、これほどまでにしっくりとくる服になろうとは。どちらかが頼っていたり、どちらかが強かったりというコラボレーションは多々あるが、良いバランスを見せてくれるコラボレーションはなかなかお目にかかれない。このコレクションにはそれがあった。

SHUN SUDOの描くスタイルを見せてもらった。その姿はほとんど見せたことはないという。兄の仁くんでさえみたことはないと言っていた。

「直接iPodで聴いても良いですか？」と一言いうと、描き始めるときから作品が出来上がるまで、一気だった。そして、ぼくには聴こえない音楽が手元をリズミカルに進ませる。SHUN SUDOの手が導き出す線はビート刻むように、音の太さや音圧を感じ出せるように紡がれていくのだ。

筆は使っていなかった。ホットドックにケチャップをつけるときのボトルのチューブで勢いのある線を描き出すと、そこにスプーンにたっぷりとインクを載せ大胆な太さのうねりを描き出す。それをヘラで線の調整をしていく。日本画というか、書家が描く水彩画のようにも見えるが、勢いと繊細な作業の繰り返しから生まれたキャンバスはまるで雲海のように雄大な広さを感じさせた。

「描けました」というと同時に耳からイヤホンを外す。「少し休憩して良いですか？」とつづける。作家の集中力を感じさせる刹那に作品の大きさを改めて感じるのだった。

グラフィックをベースに持ちながら、ストリートカルチャーや日本文化、ポップアートなどなどSHUN SUDOの作品の中には良い意味での混沌がある。シンプルだからこそ瞬時に訴えるスピード感ある線の勢いと繊細なディテールで永続的に心を掴む表現力が作家の作品に宿っている。SHUN SUDOは速筋と遅筋が同時に備わっているようなアートを描き続けているのだ。そして、そのポップな色彩を含め、観る人を明るく、楽しく、ハッピーにする力があると思っている。

「どんなコラボレーションでも自分たちが共感できるブランドとやっていくことが大事だと思っています」の言葉通り、「tao」とのコラボレーションが実現した。それもワンポイントのお手伝いではなく、「ワンシーズン丸ごとやることができたことが何よりありがたかった」という。

ピュアなダイナミズム、そんな言葉が浮かんだ。改めて「邂逅」という言葉を噛み締めてみる。「tao」のショーで見たルックの衝撃が、今、このページを紡いでいるのだということ。それは「邂逅」の成せる力なのだと思った。邂逅はいつも偶然を装った必然なのだと思っている。

「tao」×「SHUN SUDO」のコラボレーションはどちらもピュアなものづくり、少女と少年の持つクリエイティブの原点のような力がミックスされたコレクションにも感じられた。

Profile

SHUN SUDO

1977年、東京生まれ。世界を旅しながら得た感性をもとに独学でアートを学ぶ。水墨画的な動静を併せ持った繊細なタッチ、日米のポップ・カルチャーやストリート・カルチャーを継承したモチーフや色彩。映画、音楽、自然、アニメーションからインスピレーションを得て生まれた幻想的な「生物」と「花」。一つのジャンルに収まりきれない、彼の世界観が紡ぐアート作品が近年世界から注目を集める。2015年、初のソロ・エキシビジョン「PAINT OVER」をNew York で開催。翌年には40年に渡りギャラリー、美術関係者から絶大な支持を受けるマンスリーのアートブック「BLOUIN GALLERY GUIDE」のカバーページにも採用。それ以降、国内外で個展を開催しながら New York, Miami, Tokyo (Ginza) で手掛けたスケールの大きなアートウォールもアートファンのみならず、ファション関係者の間でも話題に。SONY, Apple, PORSCHE などのグローバル企業とのコラボレーションも多数手掛け、その創作活動は世界のアートシーンに刺激を与えている。

model Manami Ivee
fashion direction Rena Semba
hair MASASHI KONNO(ota office)
make Ryuji for van council(donna)
photography Toru Kitahara

Shadow Stepping

all items by LOEWE

Dress ¥702000 by LOEWE

tops ¥2343000(reference price) / skirt ¥297000 / both by LOEWE

dress ¥1249600 by LOEWE

dress ¥531300 / shoes ¥101200 / both by LOEWE

dress ¥1249600(reference price) / shoes ¥59400 / both by LOEWE

Jacket ¥159500 / Pants ¥94600 / both by UNDERCOVER
Shirt stylist’s own

NAOTO TAKENAKA

STYLING REICA IJIMA
HAIR AND MAKEUP KATSUHIKO KUWAMOTO
PHOTOGRAPHY TORU KITAHARA

opposite page : Jacket ¥82500 / Shirt ¥48400 / Pants ¥41800 / all by UNDERCOVER
this page : Coat ¥275000 / Shirt ¥59400 / Pants ¥107800 / all by sacai
Boots ¥68200 KIDS LOVE GAITE

this page : Jacket ¥330000 / Shirt ¥94600 / Pants ¥69300 / all by tanakadaisuke
opposite page : Jacket ¥176000 / Shirt ¥94600 / Pants ¥69300 / all by tanakadaisuke

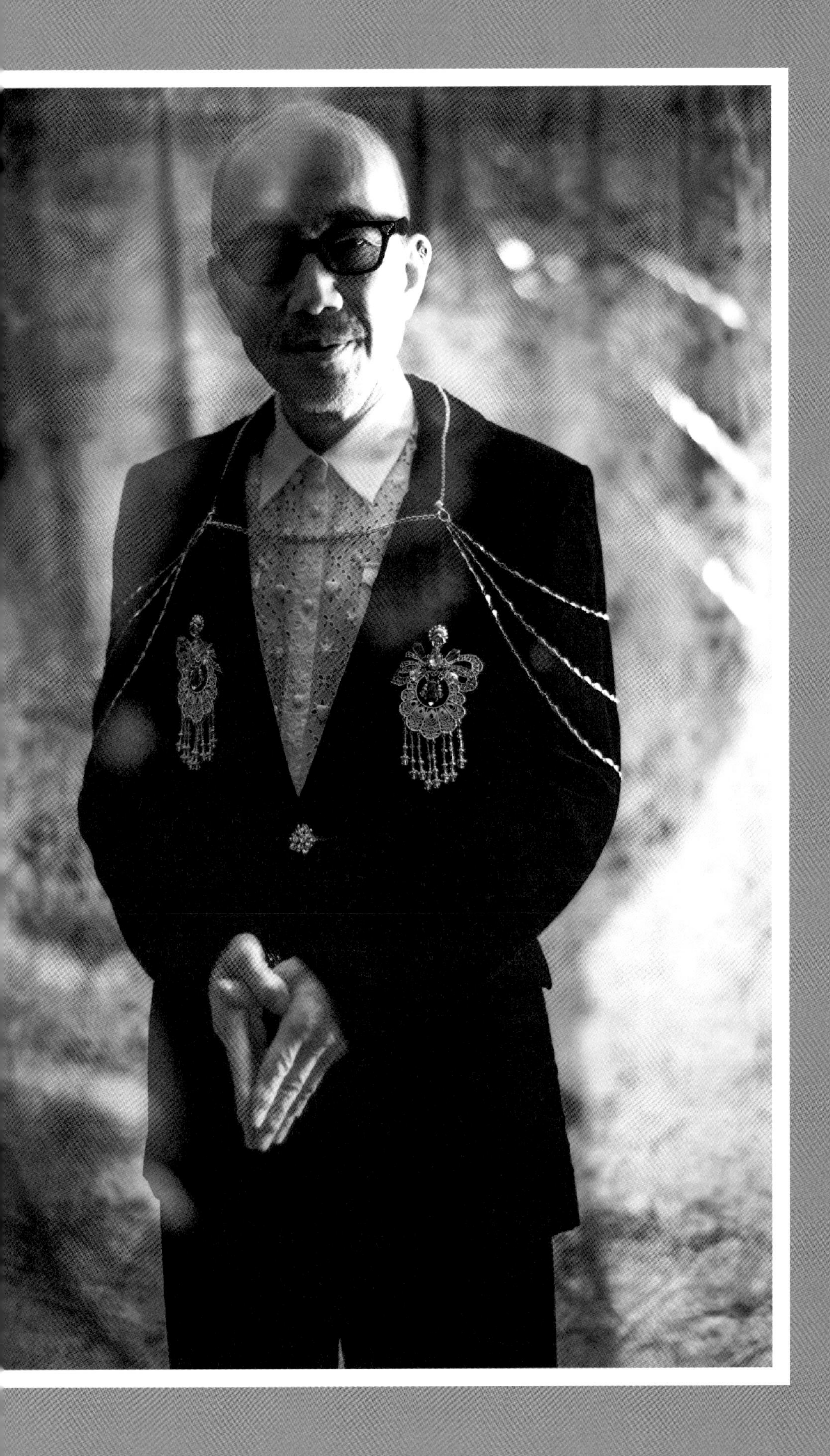

opposite page : Jacket ¥440000 / Shirt ¥94600 / Pants ¥69300 / all by tanakadaisuke
this page : Jacket(outside) / ¥231000 / Jacket(inside) / ¥198000
Pants ¥146300 / Harness ¥51700 / all by Vivienne Westwood
Shirt ¥94600 tanakadaisuke

映画『零落』
デビュー作『無能の人』(91)から10作品目となる『零落』が2023年3月17日から公開予定。
主人公の元人気漫画家・深澤薫の屈折した人物像にリアルな魂を宿した、斎藤工。
“猫のような目をした”風俗嬢・ちふゆに息を吹き込むのは、趣里。漫画編集者で深澤の妻をMEGUMIが演じ、玉城ティナ、安達祐実らがスクリーンを彩る。

● あらすじ
8年間の連載が終了した漫画家・深澤薫は、自堕落で鬱屈した空虚な毎日を過ごしていた。SNSには読者からの辛辣な酷評、売れ線狙いの担当編集者とも考え方が食い違い、アシスタントからは身に覚えのないパワハラを指摘される。多忙な漫画編集者の妻ともすれ違い、離婚の危機。世知辛い世間の煩わしさから逃げるように漂流する深澤は、ある日“猫のような目をした”風俗嬢・ちふゆと出会う。堕落への片道切符を手にした深澤は、人生の岐路に立つ……。

帽子と靴 2

model Aoi Watanabe, Niko Aoyama, Yuki Shioya　styling Reica Ijima　hair Takeo Arai　makeup Kota Matsunari(Takeo Arai office)　photography Toru Kitahara

left girl : canotier ¥30580 / tops ¥20680 / tulle skirt ¥36080 / socks (for your reference) / shoes ¥69080 / all by Jane Marple
center girl : canotier ¥30580 / tops ¥20680 / tulle skirt ¥36080 / socks (for your reference) / shoes ¥69080 / all by Jane Marple
right girl : canotier ¥30580 / tops ¥20680 / tulle skirt ¥36080 / socks ¥5720 / shoes ¥69080 / all by Jane Marple

left girl : cap ¥55660 by misaharada / jacket ¥77000 by VIVIANO / shoes ¥41800 by lost in echo / other items stylist's own
center girl : cap ¥77000, Headband ¥13200 / both by Kaori Millinery / tops ¥39600 by VIVIANO / boots ¥24200 by Bibiy. / other items stylist's own
right girl : cap ¥110000 by Kaori Millinery / tulle camisole ¥50600 by Chika Kisada / pants ¥55000 by VIVIANO / boots ¥49500 by lost in echo

opposite page

left girl : headdress ¥39600 by Pois É / dress ¥57200 / Skirt(inside) ¥50600 / both by Chika Kisada / shoes ¥81400 by KIDS LOVE GAITE

center girl : headdress ¥38500 by Pois É / tulle tops ¥42900 / clearing tops ¥56100 / lace leotards ¥31900 / Tulle skirt ¥45100 / lace tights ¥29700 / all by Chika Kisada / shoes ¥81400 by KIDS LOVE GAITE

right girl : Headband ¥57200 by Pois É / clearing collar ¥56100 / tulle dress ¥275000 / both by Chika Kisada / shoes ¥81400 by KIDS LOVE GAITE

this page

left girl : hat ¥25300 / necklace ¥13200 / both by DORIAN GRAY / tops ¥14300 / Shorts ¥7980 both by Bibiy. / glove (for your reference) by DEPT / shoes ¥75900 by grounds

center gir : hat ¥19800 / necklace ¥13200 both by DORIAN GRAY / tops ¥14300 by Bibiy. / glove (for your reference) by DEPT / shoes ¥49500 grounds / other items stylist's own

right girl : hat ¥36300 / necklace ¥12100 / both by DORIAN GRAY / tops ¥14300 by Bibiy. / glove (for your reference) by DEPT / shoes ¥31900 ground / other items stylist's own

left girl : headdress ¥104500 / Corsage ¥46200 / both by Akio Hirata OHKO / tube top(skirt) ¥68200 / pants ¥55000 / both by VIVIANO / shoes, Necklace stylist’s own
center girl : hat ¥104500 by Akio Hirata OHKO / All in one ¥176000 by VIVIANO
right girl : mesh cap ¥19800 / corsage ¥26400 / both by Akio Hirata OHKO / dress ¥104500 VIVIANO / shoes ¥18700 Bibiy.

left girl : headdress ¥13200 by DORIAN GRAY / dress ¥163900, Glove (for your reference) both by tantakadaisuke / shoes ¥22000 by Bibiy. / other items stylist' s own
center girl : headdress ¥19800 by DORIAN GRAY / dress ¥132000 by tanakadaisuke / shoes ¥18700 by Bibiy. / other items stylist' s own / dress ¥154000 by tanakadaisuke / shoes ¥15400 by Bibiy.
right girl : hat ¥36300, necklace ¥12100 both by DORIAN GRAY / tops ¥14300 by Bibiy. / glove (for your reference) by DEPT / shoes ¥31900 grounds / other items stylist's own

left girl : Hat ¥88000 by Kaori Millinery / collar ¥29700 / Bustier ¥35200 both by furuta / pants ¥44000 by HAENGNAE / boots ¥29700 by Dr.Martens
center girl : Hat ¥308000 by Akio Hirata OHKO / Dress(inside) ¥88000 by HAENGNAE / Dress(outside) ¥99000 by furuta / Boots ¥29700 by Dr.Martens
right girl : Headdress ¥66000 by Kaori Millinery / tops ¥38500 byHAENGNAE / boots ¥36300 by Dr.Martens / pants stylist's own

strong feeling

all items by noir kei ninomiya

model Emily Ann
hair Takeo Arai
makeup Kota Matsunari (Takeo Araioffice)
photography styling Toru Kitahara

jacket ¥211200 / shirt ¥49500 / shoes ¥53900 / leggings (for your reference) / all by COMME des GARÇONS HOMME PLUS

dress ¥124300 by noir kei ninomiya / boots ¥51040 by noir kei ninomiya × HUNTER

dress ¥6270 / jacket ¥101200
both by noir kei ninomiya
same for next spread

this page : shirt ¥164890 by TAKAHIROMIYASHITATheSoloist.
opposite page : vest ¥109890 / shirt 95590 / both by TAKAHIROMIYASHITATheSoloist.

portrait

all items by
TAKAHIROMIYASHITATheSoloist.

fashion direction Rena Semba hair MASASHI KONNO(ota office/this spread)
Shotaro(sense of humour/next and after next spreads) make Ryuji for van council(donna)
photography Toru Kitahara model Manami Ivee, Iohany, Hara

opposite page : shirt ¥164890 / by TAKAHIROMIYASHITATheSoloist.
this page : jacket ¥292490 / vest ¥120890 / pants ¥65890 / eyewear ¥42790 / tie ¥3190 / all by TAKAHIROMIYASHITATheSoloist.

this page : tops ¥54890 / skirt ¥197890 / badge(large) ¥15290
badge(small) ¥9790 / bracelet(Black) ¥220990 / bracelet(Gold) ¥98890
bracelet(Gold carabiner)¥150590 / boots ¥141790
all by TAKAHIROMIYASHITATheSoloist.
opposite page : shirt ¥164890 / eyewear ¥37290
both by TAKAHIROMIYASHITATheSoloist.

model Cyane hair and makeup Takeo Arai photography styling Toru Kitahara

A Mirage of A Clown Dancing

all items by
COMME des GARÇONS HOMME PLUS

long jacket ¥310200 / overalls pants ¥105600 / socks ¥5830
all by COMME des GARÇONS HOMME PLUS

jacket ¥211200 / shirt ¥49500 / shoes ¥53900
leggings (for your reference)
all by COMME des GARÇONS HOMME PLUS

oat ¥205700 / socks ¥5830 / shoes ¥53800
all by COMME des GARÇONS HOMME PLUS

jacket(outside) ¥145200
jacket(inside) ¥183700 / pants ¥92400
all by COMME des GARÇONS HOMME PLUS

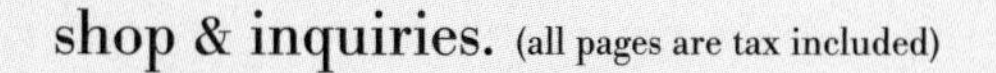

shop & inquiries. (all pages are tax included)

Acne Studios / Acne Studios Aoyama 03-6418-9923

Akio Hirata / OHKO 03-3406-3681

ALAïA / RICHEMONT JAPAN ALAïA 03-4461-8340

Alexander McQueen / 03-5778-0786

Bibiy. / support@bibiy.store

CHANEL / CHANEL CUSTOMER CARE 0120-525-519

Chika Kisada / EDSTRÖM OFFICE 03-6427-5901

COMME des GARÇONS GIRL, COMME des GARÇONS HOMME PLUS /

COMME des GARÇONS 03-3486-7611

DEPT / 03-6450-8422

DORIAN GRAY / 03-3481-0133

Dr. Martens / Dr. Martens AirWair Japan 0120-66-1460

Ferragamo / FERRAGAMO JAPAN 0120-202-170

furuta / info@furuta-official.com

grounds / FOOLS inc. 03-6908-9966

HAENGNAE / HAENGNAE CUSTOMER SUPPORT customer@haengnae.com

Jane Marple / St. mary mead co.,ltd. 03-3468-0232

JEAN PAUL GAULTIER / DOVER STREET MARKET GINZA 03-6228-5080

Kaori Millinery / contact@kaorimillinery.com

KIDS LOVE GAITE / FAITH 03-6304-2937

LOEWE / LOEWE JAPAN CLIENT SERVICE 03-6215-6116

lost in echo / VIVIANO info@vivianostudio.com

LOUIS VUITTON / LOUIS VUITTON CLIENT SERVICE 0120-00-1854

Max Mara / MAXMARA JAPAN 0120-030-535

misaharada / misaharada JP 050-3778-4381

MOMOKO CHIJIMATSU / SAVANT SHOW ROOM 03-6457-9003

noir kei ninomiya / COMME des GARÇONS 03-3486-7611

Pois É / pois-e@nifty.com

STEPHEN JONES / DOVER STREET MARKET GINZA 03-6228-5080

sacai / 03-6418-5977

TAKAHIROMIYASHITATheSoloist. /

TAKAHIROMIYASHITATheSoloist.AOYAMA 03-6805-1989

tanakadaisuke / tanakadaisuke.jp

tao / COMME des GARÇONS 03-3486-7611

THOM BROWNE / THOM BROWNE AOYAMA 03-5774-4668

UNDERCOVER / 03-3407-1232

VIVIANO info@vivianostudio.com

Vivienne Westwood / Vivienne Westwood information

contact@viviennewestwood-tokyo.net

Yohji Yamamoto / 03-5463-1500

PLEASE 19 2023年3月23日発行
publosher : Toru Kitahara

第8巻第1号(通算19号)

ISBN978-4-908722-23-3
publishing : PLEASE Inc.
164-0003
3F 1-56-5 Higashinakano Nakano-ku Tokyo, JAPAN
mail : info@please-tokyo.com
printng : Chuo Seihan Printing Co.,Ltd

定価1650円 本体1500円+税

editor in chief Toru Kitahara
art direction Yukiko Takashima
assistant editor Yui Naruse

instagram @please_tokyo
PLEASE20は2023年9月発売予定です。